AF234409

SUR

LES RAPPORTS DE L'HOMME

AVEC

L'ÉCHELLE ZOOLOGIQUE

Par M. VIMONT

MEMBRE CORR. DE L'ACABÉMIE DE CLERMONT.

Qu'est l'homme dans cet ensemble d'êtres si innombrablement multipliés, si indéfiniment variés qui peuplent l'univers ? Quelles sont ses relations de nature avec ces trois vastes empires, ces trois règnes *(regna)* dans lesquels nous avons distribué tous les êtres pensants et non pensants, organiques et inorganiques, minéraux, végétaux, animaux ? C'est là une des plus remarquables et des plus importantes parmi les questions qui s'agitent dans l'esprit, non-seulement de ceux qui s'occupent de l'étude des sciences naturelles, mais encore de quiconque se livre aux études libérales. C'est uniquement au point de vue de l'histoire naturelle pure que le sujet sera envisagé ici. Le but particulier du naturaliste est l'étude de la nature considérée spécialement dans ses manifestations matérielles et perceptibles ; les phénomènes moraux et intellectuels ne doivent l'occuper qu'au seul point de vue de leurs rapports avec les phénomènes physiques et biologiques proprement dits. Réduit à ce point de vue exclusif, le sujet est encore immense ; aussi nous bornerons-nous dans cette rapide esquisse à exposer simplement la question plutôt qu'à la développer.

L'homme est-il *d'une manière absolue* un être à part, unique, une sorte d'exception dans la création ; ou bien au contraire se relie-t-il aux animaux par de nombreux points de contact, et dans ce dernier cas quel rang doit-on lui donner dans les classifications d'histoire naturelle ? Il importe d'établir d'abord nettement quelle est la valeur de ce qu'on appelle classification. Les classifications, le plus précieux auxiliaire de la science, sans lesquels même toute science deviendrait impossible, arrêtée qu'elle serait dès ses premiers pas, les classifications, dis-je, ne sont cependant au fond qu'un procédé naturellement imparfait de l'intelligence humaine, qu'une abstraction conventionnelle et non l'expression plus ou moins absolue de la vérité. Cette vérité nous la cherchons sans cesse, mais la vérité *absolue* est hors de notre portée, nous ne pouvons saisir que des vérités *relatives*. Nous ne percevons, nous ne savons, nous ne connaissons rien que relativement à nous-mêmes, à nous dont nous ignorons la nature. Quels que soient nos efforts, notre intelligence rencontre partout un mur infranchissable. Enserrée dans un cercle fatal, ce qui est au-dedans est son domaine ; au-delà est l'inconnu qu'il lui est irrémissiblement interdit de pénétrer, allons même plus loin, dont elle ne peut pas même *soupçonner* la nature. Avide de tout connaître, l'esprit de l'homme cherche sans cesse à percer au-delà de cette barrière ; tentatives généreuses sans doute, mais qui n'ont que trop souvent pour résultat les plus ridicules erreurs, les plus douloureuses aberrations, et qui ne font que démontrer son irrémédiable faiblesse. Contentons-nous donc des vérités relatives, puisque la vérité absolue se dérobe à nous, elle qui n'est au fond que le grand secret de la création ; efforçons-nous d'en approcher le plus possible, la tâche est vaste encore, et quoique limité, le terrain de la science est d'ailleurs assez indéfini pour ne jamais manquer sous nos pas. C'est en partant de ces principes que nous établirons notre méthode ; nous risquerons moins de nous égarer dans l'infini, et nous nous préserverons du *dogmatisme*, une des plus grandes misères, certainement, de l'esprit humain.

Linné a dit : « *Nullum characterem hactenus eruere potui unde homo a simia internoscatur :* » Je n'ai pu découvrir jusqu'à ce jour aucun caractère propre à l'homme et qui puisse le distinguer des singes. » Ces paroles du célèbre naturaliste mon-

trent combien il y a peu de différence corporelle entre l'homme et les animaux les plus élevés dans l'échelle, et combien il est difficile de trouver des caractères disctinctifs de quelqu'importance qui puissent permettre de le séparer nettement dans la classification zoologique. M. Isidore Geoffroy Saint-Hilaire exprime ainsi son embarras lorsqu'il veut arriver à classer l'homme :

« Séparé en un groupe de valeur *ordinale*, placé à la même
» distance du singe que celui-ci du carnassier, l'homme est à
» la fois trop près et trop loin des premiers mammifères. Trop
» près, si l'on veut tenir compte de ces hautes facultés qui, l'é-
» levant au-dessus de tous les autres êtres organisés, lui assi-
» gnent, non pas seulement la première place, mais une place
» à part dans la création ; trop loin, s'il s'agit d'exprimer seu-
» lement les affinités organiques qui l'unissent aux quadruma-
» nes ; aux singes surtout, plus voisins de l'homme au point
» de vue purement physique, qu'ils ne le sont des makis, à
» plus forte raison des derniers quadrumanes. »

Les caractères anatomiques de l'homme, en effet, le rapprochent extrêmement des singes ; aussi quelques auteurs, Lesson, Bory de Saint-Vincent, etc., ont été jusqu'à réunir l'homme et les singes les plus élevés dans un même groupe et comme faisant ensemble un ordre unique. D'autres, au contraire, et parmi eux M. I. Geoffroy de Saint-Hilaire, ont voulu faire de l'humanité un règne à part, distinct de l'animalité, en se basant sur les caractères intellectuels et moraux. Pour nous, nous regardons ces caractères comme hors du domaine du naturaliste, non pas précisément d'une manière absolue, il y a tant de points de contact entre le moral et le physique, mais comme ne constituant en quelque sorte à son point de vue que des accessoires.

Caractères physiques de l'homme comparés avec ceux des animaux.

Les caractères physiques de l'homme aussi bien que ceux des animaux se composent de deux ordres de faits. Ils comprennent en premier lieu la structure et la disposition des organes, c'est-à-dire l'anatomie ; en second lieu, l'usage et les fonctions de ces mêmes organes, c'est-à-dire la physiologie. Il est facile de concevoir que ces deux ordres de faits sont corrélatifs et inséparables : et on peut conclure, *a priori*, sans risquer de se tromper, que des *ressemblances* comme des *dissemblances anatomiques* dérivent des *ressemblances* et des *dissemblances* physiologiques tout à fait correspondantes ; car un instrument quelconque ne peut produire que l'effet auquel il a été adapté, et conséquemment et réciproquement ne peut être adapté qu'à l'effet qu'il produit. Il est inutile d'ajouter que ceci ne s'applique, pour le moment, qu'aux effets purement physiques, nous réservant d'examiner plus tard si la loi est la même au regard des phénomènes intellectuels.

Physiquement, l'homme est très-voisin du singe, avons-nous dit, c'est un *bimane*, il est vrai, et non un *quadrumane*, mais qui diffère moins à beaucoup d'égards des singes supérieurs que ceux-ci ne diffèrent à leur tour des carnassiers, situés immédiatement à leur suite dans l'échelle, et même des singes inférieurs. Sa structure physique n'offre aucun organe ni, par suite, aucune fonction qu'on ne retrouve chez l'animal soit dans des conditions d'identité, soit tout au moins avec de très-faibles et insignifiantes variations. Toutes les modifications que présente l'ensemble des êtres vivants sont graduelles et jamais brusques. Entre deux animaux sensiblement différents de structure, il s'en interpose un certain nombre d'autres qui, chaînons intermédiaires, offrent dans leur série un passage lent et presque insensible d'une structure à l'autre (1). L'homme ne fait pas exception à cette règle qu'on voit se confirmer chaque fois qu'on tente de séparer nettement ces deux règnes organiques, lesquels

---

(1) Remarquons qu'on doit ajouter aux êtres actuels les êtres paléontologiques qui complètent l'échelle de la création animale. De plus, si on rencontre quelquefois dans cette échelle quelques intervalles un peu larges, qui nous dit que des animaux nouveaux, des races nouvellement créées ne viendront pas les remplir ? Ce qui s'est passé jadis autorise à soupçonner ce qui pourrait advenir plus tard.

présentent à leurs limites extrêmes des êtres qu'on est fort embarrassé de rapporter à l'un ou à l'autre exclusivement. Le monde organique et le monde inorganique, eux-mêmes, semblent aussi se fondre entre eux à un certain point, et passent de l'un à l'autre par des nuances insaisissables. Auquel des deux appartiennent primitivement ces matières que les sources thermales amènent des profondeurs cachées du globe à sa surface, et qui sont si éminemment organisables qu'elles se transforment rapidement en de véritables êtres vivants au contact de l'atmosphère et de la lumière.

Le grand développement des lobes cérébraux antérieurs et du corps calleux, la multiplicité des circonvolutions et des anfractuosités, et par suite l'étendue plus considérable de la surface cérébrale, tous ces caractères appartenant au cerveau humain ne sont, malgré leur importance, que le dernier terme de perfectionnement acquis successivement et graduellement par cet organe en passant à travers la série des animaux supérieurs. Si même nous prenons ces caractères séparément, nous verrons que, quoique l'homme seul en possède la complète collection, il n'en est pas moins vrai que des animaux qui occupent dans la série un degré moins élevé que le Chimpanzé, le Gorille, l'Orang et le Gibbon, ces voisins immédiats de l'humanité, présentent souvent l'un d'eux isolément plus développé encore que chez l'espèce humaine. Le cerveau des Ouistitis et surtout celui des Saïmiris, genres de singes de l'Amérique tropicale, offre cette particularité du grand développement des lobes cérébraux et des corps calleux; mais il est, par une sorte de compensation, dépourvu entièrement de circonvolutions, ce qui le place bien au-dessous du cerveau humain, tandis que le cerveau d'animaux plus dégradés d'ailleurs en sont encore munis. Quant aux singes supérieurs, ils présentent des circonvolutions moindres que chez l'homme et qui décroissent à mesure qu'on s'abaisse dans l'échelle. Il n'y a donc pas de ligne de démarcation bien absolue entre le cerveau de l'homme et celui de l'animal, mais seulement une complication, un perfectionnement graduel et nuancé.

Les organes de la digestion, de la circulation, de la respiration, de la reproduction, et, par suite, les fonctions qui se rapportent à ces organes, ne présentent, entre l'homme et le singe, et même entre l'homme et les mammifères, que des différences si faibles et si dénuées d'importance, qu'il y a pour ainsi dire identité. L'appareil dentaire lui-même est à peu de chose près chez nous comme chez les singes, et la plus grande différence consiste dans la moindre longueur des canines, ce qui leur permet de se loger dans les intervalles ou barres, et, chose singulière, ce caractère des canines peu saillantes ne se retrouve que chez un animal fossile, d'ailleurs fort différent de l'homme à tous égards, l'Anoplothérium.

On a dit : *l'homme a un visage, l'animal a un museau; l'homme a un front, un menton, l'animal en est dépourvu.* Mais le front, le menton existent chez un certain nombre de singes avec cette différence, il est vrai, que c'est la partie *médiane* du front qui est la plus élevée, tandis que chez l'homme les parties latérales sont au contraire les plus développées. Remarquons en outre que chez les différentes races humaines on retrouve une tendance réelle vers la transformation de la face en museau. La modification, quoiqu'elle n'aille pas jusqu'au museau véritable, et quoiqu'elle laisse toujours subsister l'*Os humanum*, n'en existe pas moins. L'angle facial des Namaquois descend à 64 degrés, celui des Saïmiris, cet agréable petit singe du nouveau continent, monte jusqu'à 65°. La proéminence de la face est plus grande chez ce peuple que chez un singe. Ici donc encore rien de tranché, rien d'absolu.

L'absence ou plutôt l'état rudimentaire de l'appendice caudal, représenté chez l'homme par le coccyx est, on le sait, un trait commun à l'humanité et à beaucoup d'animaux. Les singes non-seulement de la première tribu, mais encore d'autres quadrumanes, plus éloignés de l'homme, tels que le Magot et le Cynopithèque, sont dépourvus de queue.

La main n'est pas non plus l'apanage exclusif de notre espèce, tous les quadrumanes en sont pourvus. Néanmoins, les mains de l'homme sont plus parfaites que celles d'aucun animal. Chez l'homme l'extrémité des membres inférieurs est à

peu près inhabile à saisir, le pouce ou gros orteil du pied étant
peu ou point opposable, tandis que chez les quadrumanes on
remarque que les mains inférieures sont toujours les plus parfaites, et plus propres à la préhension que les mains supérieures.

L'attitude ou station verticale de l'homme est certainement
un de ses meilleurs caractères zoologiques différentiels. Le
Chimpanzé, le *Gorille*, le *Gibbon*, l'*Orang*, forment néanmoins le passage de l'attitude quadrupède à l'attitude verticale;
car, bien qu'ils reposent sur leurs quatre membres, les antérieurs
étant beaucoup plus allongés que les postérieurs, leur station est
oblique. Si d'autres animaux, les carnassiers Plantigrades, les
Kanguroos, les Gerboises, etc., affectent quelquefois la station
verticale, ce n'est pour eux qu'une attitude momentanée, qu'ils
ne pourraient longtemps soutenir et non un *situs* habituel. Ainsi
donc la station verticale *habituelle* est le propre de l'homme,
et lui seul offre une charpente osseuse et des muscles disposés
pour cela. Néanmoins, la station oblique des premiers singes
vient se placer comme un intermédiaire entre l'attitude humaine et l'attitude quadrupède.

En dehors des particularités purement anatomiques, il est
un fait qui vient encore confirmer que l'homme est seul normalement vertical et possède seul ce que le poète latin appelle
l'*os sublime*. Ce fait semblerait de prime abord bien peu im-
portant, presque ridicule même, si on ne réfléchissait qu'en
histoire naturelle, comme dans toutes les sciences, tout s'en-
chaîne et tout a sa valeur. Chez *tous* les mammifères *sans
exception* le pelage est plus fourni à la face dorsale qu'à la face
ventrale, ce qui a sa raison d'être dans la position plus expo-
sée de la face dorsale qui se trouve ainsi, et avait besoin d'être
la mieux garantie. Chez l'homme, au contraire, les poils si
rares sur son corps sont *plus nombreux sur la face antérieure
du corps que sur la face dorsale;* chez lui, c'est le vertex
seul, le sommet de la tête qui regarde vers le zénith, et les che-
veux sont là pour le garantir, aussi le reste de son corps est-il
à peine garni de poils rares et dispersés. Aristote avait déjà
remarqué ce fait et déduit ses conséquences; plus tard Blu-

menbach s'en empara, et ce ne fut pas un des moindres arguments à l'aide desquels il combattit l'absurde théorie qui avait encore des soutiens de son temps, et qui considérait l'homme comme primitivement et normalement quadrupède.

De l'intelligence chez l'homme et chez l'animal.

Comme nous venons de le voir, l'homme ne présente dans sa structure physique rien qui lui soit exclusivement propre, et qu'il ne partage jusqu'à un certain degré avec l'animalité. En est-il de même pour ses attributs intellectuels et moraux ? C'est ce qu'un court examen va nous démontrer.

On a longtemps débattu la question de savoir si l'animal est ou non intelligent. Descartes avec bien d'autres le regardent comme une pure machine, ce n'est pour eux qu'une horloge bien montée et bien réglée qui suit aveuglément l'impulsion qui lui a été une fois donnée. Il suffit de l'observation, de l'étude attentive des actes des animaux pour faire tomber rapidement cette opinion née d'un système préconçu et sans base solide. Et d'ailleurs, acceptons l'animal comme une machine, il faudra bien un ressort, un moteur pour la faire marcher cette machine, et ce ressort, ce moteur, c'est l'intelligence, et ce ne peut être qu'elle. On objectera peut-être à cette affirmation que ce moteur est l'instinct. Mais ce ne serait que déplacer la question, car il faudrait alors attribuer à l'instinct toutes les propriétés de l'intelligence, si bien qu'il se confondrait avec cette dernière, et qu'il serait impossible de l'en distinguer. L'observation démontre rapidement que l'animal n'est pas un pur automate, que ses actes sont l'œuvre d'une certaine réflexion et non d'une impulsion aveugle, car ils seraient aveugles comme elle et porteraient souvent à faux, ce qui n'est pas, ou du moins, n'est que rarement. Et l'homme lui-même n'est-il pas sujet comme l'animal à accomplir des actes qui portent à faux, à manquer son résultat, à en amener un imprévu et contraire à ses intentions ? Les actes intellectuels des animaux semblent correspondre parfaitement aux actes intellectuels de l'homme. Il suffit pour le démontrer d'énoncer ce fait que l'homme et l'animal se comprennent réciproquement. Le vulgaire ne s'y trompe pas. Dans nos relations avec les animaux, domestiques ou non, nous agissons dans l'hypothèse d'une certaine dose d'intelligence pour ces derniers, et quoique, il faut l'avouer, on s'exagère souvent cette dose, les résultats confirment que cette opinion n'est pas dénuée de fondement. Il serait inutile et trop long de citer les nombreux exemples d'ailleurs si connus, relatifs à l'intelligence des animaux, ce serait combattre pour une victoire déjà gagnée. Bornons-nous à rappeler que les ressemblances intellectuelles entre l'homme et l'animal sont telles que des écrivains religieux ou spiritualistes se sont crus obligés d'admettre une âme chez la bête: une âme il est vrai inférieure, une âme d'une sorte particulière, mais une âme (1).

Pour ce qui a rapport au moral, c'est-à-dire aux penchants, aux passions, nous trouvons encore de grandes ressemblances entre l'homme et l'animal.

Cependant, tout en indiquant ces points communs à l'intelligence humaine et à celle que peut posséder l'animal, nous ne prétendons pas les assimiler en tout. C'est une certitude banale que la supériorité immense de la première sur la seconde. Nous n'avons prétendu montrer que ce fait ; qu'en dehors des ressemblances corporelles entre l'homme et l'animal, il est encore d'autres phénomènes de leur existence qui se retrouvent plus ou moins identiques.

Dotation physique de l'homme.

On a souvent répété que si l'homme est infiniment plus favorisé que l'animal par son intelligence, il paie sa supériorité

---

(1) Ici, empressons-nous de le dire, nous ne faisons que mentionner cette opinion, nous abstenant de tout commentaire. Il n'est ni dans notre intention ni dans l'objet de ce travail de traiter en rien la question de l'âme animale. Voyez d'ailleurs, à ce sujet, Bossuet, *Traité de la connaissance de Dieu et de soi-même*, où, quoique penchant souvent vers le cartésianisme, l'auteur admet une âme sensitive chez les animaux.

morale par une assez grande infériorité physique. Cette opinion est pour ainsi dire devenue vulgaire, et cependant elle est bien peu fondée aux yeux de quiconque étudie la question avec soin et sans prévention. Non! l'homme physique n'est pas sacrifié à l'homme intellectuel. Ses facultés physiques sont appropriées à son intelligence, la loi d'harmonie qui a présidé à la création l'exigeait. On a dit que le plus vil animal, le plus déshérité, un simple ver de terre, deviendrait, s'il était doué de l'âme humaine, le roi de la création terrestre. Quelque honorable pour l'intelligence de notre race que soit cette supposition, ce n'est qu'une simple supposition. Dieu n'a pas enfermé notre âme dans un corps inhabile à exécuter les conceptions de cette âme. Quand il l'a unie à un corps, il le lui a donné pourvu de tous les organes nécessaires pour qu'il pût accomplir ses ordres.

Qui nierait la supériorité de l'homme sur l'animal quant aux fonctions de relations? La parole, la première parmi ces fonctions, ne démontre-t-elle pas un degré de perfection dans les organes qui la produisent, tel qu'il laisse bien loin derrière lui tout animal quelqu'élevé qu'il soit dans l'échelle? L'ouïe humaine possède une finesse qui ne le cède à aucune autre, sinon en acuité, du moins en habileté à saisir et comparer les innombrables nuances des sons. Le sens du toucher est extrêmement développé. L'odorat de l'homme seul peut-être se laisse dépasser par celui de l'animal. Mais qui peut tout avoir? Pesons tous les sens en masse, et la balance s'inclinera du côté de notre espèce.

La force musculaire de l'homme, considérée relativement à la masse de son corps, et lorsqu'on compare soigneusement les éléments qui en composent les résultats, c'est-à-dire la vitesse et l'effet produit, le place parmi les animaux les plus favorisés sous ce rapport. Il peut produire un travail plus soutenu que la plupart d'entre ces derniers. Sans doute, il n'a pas la force prodigieuse de l'éléphant, mais son corps, plus léger, se meut plus facilement, et ne dépense pas, rien que pour se mouvoir et se soutenir, une force musculaire énorme ainsi employée en pure perte et perdue pour tout autre effet.

Toutes les classifications zoologiques , lesquelles se basent uniquement sur les caractères physiques , placent l'homme et les singes qui se rapprochent le plus de lui , au sommet de l'échelle animale , et cette place incontestée n'est que l'aveu de son évidente perfection corporelle. Mais, n'allons pas si loin , admettons l'homme comme simplement l'égal au physique des animaux supérieurs, il aura toujours cet avantage sur ces derniers que l'influence de sa haute intelligence sur ses organes lui permettra de tirer de ceux-ci bien plus de services que n'importe quel animal des siens ; en un mot, ses facultés spirituelles lui permettent de développer bien plus utilement les moyens qu'il possède.

———

Et maintenant quelles conclusions allons-nous tirer de ce rapide examen de l'homme. Physiquement , c'est un animal, rien qu'un animal, plus ou moins perfectionné. Intellectuellement , c'est plus qu'un animal , il est au-dessus d'eux au-delà de toute comparaison. Mais cependant l'animal, en dehors de ses actes purement matériels , accomplit aussi un ordre d'actes, je ne dirai pas précisément intellectuels , si l'on veut , mais qui, confondus peut-être à tort avec le pur instinct, offrent une certaine similitude avec les actes intellectuels de l'homme , et auxquels il joint des passions sinon identiques du moins correspondantes , et, jusqu'à un certain point, comparables à celles de celui-ci. Il est inutile de dire qu'ici nous nous abstenons de toute recherche sur les causes et que nous nous occupons uniquement des effets. Or, quoique nous regardions les caractères intellectuels et moraux comme en dehors du point de vue restreint du naturaliste , nous n'avons cependant pu nous dispenser de remarquer qu'ils ne diffèrent pas complétement en tout chez l'homme et chez l'animal ; que le Créateur, en suivant l'unité de son plan, semble avoir ébauché chez l'animal ce qu'il devait donner bien plus complet et plus parfait à l'espèce humaine.

Pour le naturaliste, l'homme fait partie du règne animal.

L'homme est un ordre, il est un genre, mais ce n'est pas une classe, et moins encore un règne à part, comme on l'a prétendu. Que les psychologues séparent l'homme du règne animal, nous n'y ferons pas d'objection. Le zoologiste doit l'y réunir. Contradiction, dira-t-on. Et n'a-t-on pas répété depuis des siècles et sur tous les tons, qu'il est à la fois bien grand et bien petit, savant et ignorant, que ce n'est enfin qu'une perpétuelle contradiction. Et au fond tout cela n'est qu'une contradiction apparente et qui tient au point de vue où chacun se place. Voyez cet édifice : de près c'est une tour immense qui vous force à lever la tête pour apercevoir les créneaux qui la couronnent ; de loin l'œil l'embrasse facilement dans son entier, ce n'est plus qu'une construction microscopique. Le *règne humain* ne peut être admis : que l'homme soit roi, nous y consentons ; qu'on étende sa domination sur les trois règnes de la nature, nous n'y faisons pas d'objection ; mais il ne peut à lui seul former un quatrième empire où il serait réduit à régner uniquement sur lui-même. *Homo rex, non regnum*, telle est notre conclusion.

Clermont, typ. Ferdinand Thibaud.

www.ingramcontent.com/pod-product-compliance
Lightning Source LLC
LaVergne TN
LVHW010306060726
842527LV00007B/2899